BEI GRIN MACHT SICH IHR WISSEN BEZAHLT

- Wir veröffentlichen Ihre Hausarbeit, Bachelor- und Masterarbeit

- Ihr eigenes eBook und Buch - weltweit in allen wichtigen Shops

- Verdienen Sie an jedem Verkauf

Jetzt bei www.GRIN.com hochladen und kostenlos publizieren

Sebastian Purwins

Theorien der Landschaftspräferenz

GRIN Verlag

Bibliografische Information der Deutschen Nationalbibliothek:

Die Deutsche Bibliothek verzeichnet diese Publikation in der Deutschen National-
bibliografie; detaillierte bibliografische Daten sind im Internet über http://dnb.d-
nb.de/ abrufbar.

Impressum:

Copyright © 2013 GRIN Verlag GmbH
Druck und Bindung: Books on Demand GmbH, Norderstedt Germany
ISBN: 978-3-656-74676-8

Dieses Buch bei GRIN:

http://www.grin.com/de/e-book/280577/theorien-der-landschaftspraeferenz

Universität Augsburg

Fakultät für Angewandte Informatik

Institut für Geographie

Landschaftspräferenzen

Hauptseminar Physische Geographie:

Mensch-Umwelt Beziehungen

Purwins Sebastian

B.Sc. Geographie, 5. Fachsemester

Abgabetermin: 08. April 2013

Inhaltsverzeichnis

Abbildungsverzeichnis

Tabellenverzeichnis

IV

1   Landschaftspräferenz

„Jene unbewohnten, mit Wald bedeckten, gesichtslosen Ufer des Casiquiare beschäftigen damals meine Einbildungskraft [...] Der Boden ist dicht bedeckt mit Gewächsen [...] Krokodile und Boas sind die Herren des Stroms; der Jaguar, der Pecari, der Tapir und die Affen streifen durch den Wald, ohne Furcht und ohne Gefahr; Dieser Anblick der lebendigen Natur hat etwas Befremdendes und Tristes." (ETTE 1999, S. 19). Diese Beschreibung der Ufer des Casiquiare, dem linken Quellfluss des Rio Negro, ist auf den Forscher und Entdecker Alexander v. Humboldt zurückzuführen. Beschreibungen von Landschaften lassen sich neben Forschungen und Entdeckungsreise, in Literatur und Kunst vielfältig finden. Diese Landschaften finden stets unterschiedliche Eigenschaften und werden unterschiedlich gemalt. Dennoch scheint es so, als hätte der Dichter oder der Autor, genau wie alle anderen, dass gleiche Bild einer Landschaft im Sinn. Im alten China setzte sich das Wort Landschaft aus zwei Schriftzeichen zusammen, dem Zeichen für Berg und dem Zeichen für fließendes Wasser. Der Landschaftsbegriff wandelte sich jedoch im Laufe der Zeit und während in der Antike Landschaften geographische Räume demonstrierten, im Mittelalter Macht und Herrschaft, waren in der Romantik Landschaften auch ein Symbol für Freiheit (KÜSTER 2012). Wenn Menschen heutzutage in den Urlaub fahren, ziehen sie bestimmte Landschaften vor in denen sie erholen wollen. Auch erste Siedlungen oder Burgen entstanden in bestimmten Gebieten, da die Landschaft besser geeignet schien. Strategische, biologische oder ästhetische Gründe. Die Ursache für Präferenzen können verschiedenen sein. Einige Theorien versuchen zu erklären, warum Menschen bestimmte Landschaften präferieren, wie solche Präferenzen zustande kommen und was eine Landschaft an Kriterien aufweisen muss, um präferiert zu werden. Solche Theorien sind immer geprägt davon, dass es dem Individuum möglich sein kann sich regelwidrig zu verhalten, es sind folglich deterministische Annahmen. Stellt eine Theorie eine Gültigkeit auf, so gibt es immer mögliche Ausnahmen und Aspekte die nicht vollständig schlüssig sind. Dennoch sollen im Folgenden einzelne Aspekte der Landschaftspräferenz und der Theorien betrachtet werden, unter dem Aspekt, dass diese im Wesen allgemein zutreffend sind.

2 Begriffe der Landschaftspräferenz

Um sich im Folgenden mit der Thematik Landschaftspräferenz zu befassen, ist es notwendig die Begriffe, die maßgeblich sind, zu definieren, oder einen Versuch einer Definition zu wagen. Landschaftspräferenz soll dabei getrennt als Landschaft und Präferenz betrachtet werden, um daraus einen neuen Eindruck auf den Gesamtbegriff zu erzielen. Sowohl der Begriff Landschaft als auch der Begriff Präferenz können nicht einheitlich definiert werden. Vor allem der Begriff Landschaft ist vielmehr im Wandel der Zeit und unter Einflüssen der Natur-, Geistes- und Kulturwissenschaften entstanden. Sowohl Landschaft als auch Präferenz sind Begriffe, die unweigerlich mit einem Subjekt zusammenhängen. Eine Landschaft muss von einem Standpunkt aus durch einen Betrachter als solche auch wahrgenommen werden. Präferenzen sind Ergebnisse menschlicher Entscheidungskraft und unterliegen damit auch dem Einfluss des jeweiligen Akteurs. Die Problematiken sollen genauer betrachtet werden, unter der Berücksichtigung des Themas Landschaftspräferenz.

2.1 Der Begriff Landschaft

Der Begriff Landschaft wird in vielerlei Hinsicht häufig und nahezu alltäglich verwendet. Doch dabei findet er verschiedene Anwendungen. Landschaft als Gebiet oder Territorium. Landschaft als Umwelt, möglichst unberührte Natur, oder Landschaft als Gegenteil zur Stadt (KÜSTER 2012). Aus Sicht der Geographie stellt eine Landschaft einen Raum dar, in dem Geosphäre, Biosphäre und Atmosphäre als Wirkungsgefüge aufeinander treffen. Dabei unterscheidet LESER (2010, S. 481) nach Kulturlandschaft und Naturlandschaft. Naturlandschaften stellen dabei Räume dar, die von natürlichen Faktoren beeinflusst werden und somit auch als frei von anthropogenen Eingriffen gesehen werden kann. Solche Landschaften kommen in Mitteleuropa teilweise gar nicht mehr vor, lediglich in bestimmten Höhen der Alpen findet sich solcher Raum (ebenda, S. 596). Eine Kulturlandschaft, als dauerhaft beeinflusster Raum durch den Menschen, entsteht aufgrund der Wechselwirkungen und Auftreten der Grunddaseinsfunktionen. Diesbezüglich wird der Raum vor allem als Siedlungs-, Wirtschafts- und Verkehrsraum betrachtet (ebenda, S. 464). Aus Sicht der Naturwissenschaften soll die Definition den Begriff Landschaft eingrenzen und ihm gewisse Kriterien zuordnen, dies gelingt jedoch nur teilweise, dies zeigt vor allem die Vielzahl an Definitionsansätzen (TREPL 2012). Bei der Betrachtung der Herkunft des Begriffes Landschaft, lässt sich dieser auf das Wort Land und das Suffix -schaft zurückführen. Germanischen Ursprunges musste das Wort offene oder freie Fläche bedeutet haben, doch bereits im Mittelalter wandelte sich der Begriff und wurde Synonym für Gebiet oder Territorium. Das Suffix bezieht sich dabei auf Schaffen, abgeleitet von Beschaffenheit. Diesem Ansatz zu Folge, wäre Landschaft ein konstruierter Raum, bei dem aber der Mensch eine entscheidende Rolle einnimmt (KLUGE, 2002). Der zu Beginn der Arbeit erwähnte Alexander v. Humboldt schuf seiner Zeit einen Ansatz geographischer Definition des Begriffes Landschaft. Humboldt sprach von einem „Totaleindruck einer Gegend, die beim Betrachter entsteht" (HARD 1970, S. 49f.). Der Begriff der Landschaft wird in der Geographie verwendet um Gebiete abzugrenzen, sie zu vergleichen oder zu benennen. Kulturell oder Kunsthistorisch, wird mit Landschaft ein Eindruck oder Emotionen, abhängig vom Betrachter, etwa wie Schönheit, verbunden. Somit muss der Begriff Landschaft als Konstrukt gesehen werden, dass sich im Laufe der Zeit aus einer geographischen Vorstellung und einer Interpretation der Literatur und Kunst, zu einem Begriff geeint hat. Der Begriff ist schon alleine deshalb nicht eindeutig zu definieren. Hinzu kommen noch die Prägungen verschiedenster Epochen der Kulturen und Kunst, die Landschaft immer neu zu verstehen versuchten (TREPL 2012). Umgangssprachlich findet daher der Begriff Landschaft als Gesamteindruck eines Raumes Verwendung und ist damit auch ein erlebtes Bild der Landschaft (LESER 2010). Auf einer philosophischen Ebene, unter Berücksichtigung der Sprachkritik nach Ludwig Wittgenstein (WINDHOLZ, FEIGL 2011), muss die Definition des Begriffes Landschaft an seiner komplexen Realität scheitern. Das besondere jedoch an dem Begriff Landschaft ergibt sich darin, dass er mit Ästhetik verbunden ist. Wird von einer Landschaft gesprochen, wird Schönheit und Harmonie damit assoziiert. Eine zerstörte Landschaft, die den Anspruch der Ästhetik nicht mehr erfüllt, vermag keine Landschaft mehr zu sein. Landschaften können zwar auch bedrängend, verschmutzt oder heroisch wirken, jedoch bleibt festzuhalten, dass Landschaften eine Stimmung transportieren (TREPL 2012, S.17). Landschaft ist, im Vergleich zu Bergen oder Bäumen die eine Landschaft prägen, aber kein greifbarer Gegenstand, der festgemacht werden könnte an Kriterien. Dennoch ergeben sich an eine Landschaft Ansprüche und Vorlieben, die bestimmte Landschaften von anderen abheben, weswegen diese meist präferiert werden.

Landschaften wurden vor allem von Malern eingefangen und erfasst. Die Kunst befasst sich mit als erste Wissenschaft damit, weshalb im 18. Jahrhundert eine Landschaft eine künstlerische, bildliche Darstellung einer Gegend war (KÜSTER 2012, S. 28). Landschaft war und ist damit auch immer eine Art Reflexion gewesen. Damit wird auch ersichtlich, dass Landschaft immer Interpretation sein muss. Eine Gruppe Bäume, kann nur als solche wahrgenommen werden, sobald diese auch reflektiert und als Bäume interpretiert werden. Dies löst auch den Begriff Landschaft aus der Naturwissenschaft, die Landschaft alleine an physikalischen Werten erfassen möchte. Folgendes Bild zeigt ein Gemälde aus dem 18. Jahrhundert, dass eine paradiesähnliche Landschaft darstellen soll.

Abbildung 1: Caspar Friedrichs "Böhmische Landschaft" (1808)
Quelle: http://www.360-grad-blog.de

Kant schlussfolgerte, dass die Interpretationen einer Landschaft jedoch so komplex und schwerwiegend sind, dass Ästhetik und Präferenz nur ungenau erklärt werden kann. Kant trennt diesbezüglich das Nützliche einer Landschaft von der Schönheit. Präferenzen jedoch alleine aus dem Blickwinkel der Nützlichkeit zu betrachten wird auch in folgenden Theorien kritisch betrachtet. Diese Trennung von Nützlichkeit und Ästhetik der Landschaft verschwimmt vor allem mit Beginn der Neuzeit (BOURASSA 1991).

Wird von Landschaftspräferenz gesprochen, wird davon ausgegangen, dass Landschaft als solche wahrgenommen und über selbe reflektiert wird. Dies passiert jedoch meistens unterbewusst. Um eine Präferenz zu treffen muss folglich der Verstand in der Lage sein, Entscheidungen zu treffen, die an der Interpretation einer Landschaft hängen. Umgekehrt ist der Akteur also auch in der Lage, andere Landschaften zu diskriminieren, also gegenüber anderen nicht vorzuziehen. Dies ist ein entscheidender Aspekt in der Landschaftspräferenz. Landschaften müssen als solche reflektiert und interpretiert werden, dies setzt voraus, dass Entscheidungen getroffen werden anhand eines Auswahlmusters oder Algorithmus. Präferenzen einer Landschaft werden damit unterbewusst und immer wieder getroffen, ohne, dass sich der Akteur darüber bewusst wird. Für den Begriff der Landschaft spielen nach KÜSTER (2012) vor allem Reflexion, Interpretation und Emotionen eine tragende Rolle (KÜSTER 2012, S. 33ff.).

Der Begriff Landschaft lässt sich nicht eindeutig fassen. Er ist vielmehr ein Kontinuum aus Reflexion, Ästhetik, Nützlichkeit, Wahrnehmung durch den Betrachter und seiner Interpretation. Ebenso muss berücksichtigt werden, dass Landschaften einem steten Wandel unterliegen. Ein Element, dass in der Landschaft als störend empfunden wird, kann in einer anderen Umgebung wieder als wertvoller Beitrag betrachtet werden. Wird im folgendem von Landschaft gesprochen, muss vorausgesetzt werden, dass die Landschaft als feststehender Begriff nicht erfasst wird, sondern nach TREPL (2012) von einer Idee der Landschaft gesprochen wird. Jeder Versuch einer festen Definition und damit Begrifflichkeit der Landschaft, muss an der Komplexität der Realität scheitern.

2.2 Der Begriff Präferenz

Der Begriff Präferenz hat seinen Ursprung im lateinischem Wort praeferre, zu Deutsch vorziehen. Wird etwas präferiert, wird folglich etwas, einem anderen gegenüber vorgezogen. Der Begriff findet vor allem in den Wirtschaftswissenschaften Anwendung. Die Mikorökonomik betrachtet Wirtschaftssubjekte und unterstellt ihnen die Möglichkeit zwei Situationen so einzuschätzen, dass sie die, die für ihre Bedürfnisse zutreffende Situation, der Alternativen vorziehen, ohne dabei Widersprüche zu erzeugen. Folglich wird davon ausgegangen, dass Subjekte über die Eigenschaft verfügen, Situationen gegenüber anderen Situationen und der eigenen, zu bewerten und somit zu präferieren. Subjekte die präferieren verhalten sich in den Theorien der Wirtschaftswissenschaften schlüssig und rational, es gilt die Annahme der transitiven Präferenz, wobei nicht jeden Subjekten gleiche Präferenzen zugeschrieben werden (LORENZ 2011). Im Bereich der Psychologie befasst sich der Begriff Präferenz mit der Thematik Entscheidungen. Sowohl im Bereich der Volkswirtschaft, als auch in der Psychologie spielt der Faktor Risiko und Verlust eine große Rolle, wenn es sich, um das Thema Entscheidungen, bzw. Präferenzen handelt. In folgendem Punkt trennen sich aber die Theorien der Volkswirtschaft von denen der Psychologie. Die Volkswirtschaftslehre betrachtet, im Gegensatz zu der Psychologie, das Subjekt, dass sich mit der Entscheidung konfrontiert sieht, als ein abwägendes Subjekt. Es hat sämtliche Konsequenzen und Aspekte der Entscheidung im Blick und bewertet die Situation aus einem neutralen Standpunkt heraus. Die Psychologie räumt hingegen Emotionen und Affekten eine größere Bedeutung ein. So können Präferenzen auch widersprüchlich sein und im Affekt, also nicht abgewogen, getroffen werden (KAHNEMAN, TVERSKY 1982). Die klassische Mikorökonomik betrachtet den Menschen, der Entscheidungen trifft, als rationales Wesen. Präferenzen die getroffen werden sind Ergebnisse eines rationalen Prozesses der Abwägung, um dann, den bestmöglichen Nutzen bei geringstem Aufwand zu erzielen. Dieses Modell kann allerdings nicht genau auf Landschaftspräferenzen übertragen werden. Präferenzen von Landschaften entstehen meist aus einem Gefühl heraus und einer augenblicklichen Haltung. Sich also einen einheitlichen und abwägenden Überblick zu verschaffen erscheint damit schwierig (TREPL 2012).

Der Psychologe Daniel KAHNEMAN (2002) schlussfolgert über Präferenzen und Entscheidungen: „Most behavior is intuitive, skilled, unproblematic and successful!" (KAHNEMAN, GRIFFIN 2002, S. 483). KAHNEMAN (2012) räumt auch den Emotionen einen entscheidenden Anteil ein. Er macht dies an alltäglichen Entscheidungen fest, die mehr oder weniger auch von der Gemütslage der Personen abhängig sind. Mit einer neuen Theorie zu Entscheidungen und auch Präferenzen stellt KAHNEMAN (1979) alte Standards in Frage. Die sogenannte neue Erwartungstheorie ordnet sich zwar mehr der Ökonomik zu, ist aber auch Bestandsteil der Verhaltensforschung. Sie erklärt den Mensch nicht zum rationalen Wesen, erlaubt aber dennoch Ansätze zu Entscheidungen in unbekannten Situationen für den Menschen. Er unterstellt dem Mensch ebenso Fehler bei Informationsaufnahme und Verarbeitung, durch eine unterbewusste Selbsttäuschung. Probleme und Entscheidungen werden weniger rational getroffen, sondern erfolgen über Gedankenabkürzungen, den sogenannten Heuristiken. Heuristiken laufen dabei unterbewusst ab und verfolgen ein bestimmtes Muster. So können Präferenzen unterbewusst und schnell entstehen, da sie über eine Heuristik nach einem Muster verfahren (KAHNEMAN 1979). Werden folglich Landschaften präferiert, verläuft eine solche Präferenz ebenso über eine Heuristik nach einem Muster ab. Dies erschwert auch die Grundlagen von Präferenzen genau zu erläutern, da sich durch solche Urteilsheuristiken Verhaltensfehler ergeben, die nicht eindeutig erklärbar sind.

3   Die Entstehung der Präferenz

Die Fragestellung die sich in Zusammenhang mit den Begriffen Landschaft und Präferenz ergibt ist, was Landschaften auszeichnet, dass sie gegenüber anderen bevorzugt, also präferiert werden. Um von Landschaftspräferenz sprechen zu können, muss dies immer im Kontext eines Betrachters geschehen, der für sich die Landschaft wahrnimmt. So kann Landschaft je nach Betrachter anderweitig interpretiert werden und sie kann jeweils verschiedene Assoziationen hervorrufen. Dennoch gibt es trotz aller Individualität Gemeinsamkeiten. So sprachen römische und griechische Dichter und Denker der Antike bei Landschaften stets von den Weinbergen oder den Weizenfeldern, hingen kaum von Wäldern oder rauen Berglandschaften, ähnlich ist die Struktur im Laufe der Zeit und Betrachtung von klassischen Gemälden. In Zeiten der stark zugenommenen Umweltverschmutzungen und der Überbeanspruchung durch den Menschen wird ein Vergleich zu der ursprünglichen Natur gezogen, welche als schützenswert gilt. In diesem Zusammenhang ergibt sich auch die Problematik, welche Landschaft als schützenswert betrachtet werden muss gegenüber andere und was für Kriterien zu erfüllen sind (APPLETON 1975). Landschaften die gegenüber den verschmutzen Landschaften präferiert werden, sind Präferenzen unter Einfluss des Menschen. Präferenzen können folglich auch geschaffen werden oder erzeugt. Landschaften, wie sie bereits im Kapitel zuvor betrachtet wurden, charakterisieren sich dadurch, dass sie von einem Betrachter als harmonisch, ästhetisch, individuelle, konkrete Ganzheit wahrgenommen werden. Eine Präferenz entwickelt sich aus der Zweckmäßigkeit der Harmonie, der Schönheit, die als Angenehm empfunden werden kann (KICHHOFF, TREPL 2009).

Viele Entscheidungen laufen als Routine in unserem Körper ab. Dabei greifen Denkprozesse auf Erfahrungen, Erlebnisse, Emotionen und Einstellungen zurück, um schnell und sicher die bestmögliche Entscheidung zu treffen. Präferenzen stellen solche eine Abkürzung zu einer Entscheidung dar. Sie entstehen, um Situationen gerechter gegenüber zu treten. Gerecht im Sinne von schnell handelnd und Nutzenmaximierend. Dieses Muster bildete sich im Laufe der Evolution als überlebenswichtiger Vorteil heraus. Um Gefahren entsprechend zu begegnen, war es notwendig, dass solche Gefahren schnell erkannt wurden. Lange Denkprozesse hätten womöglich damit geendet, dass sich der Fortbestand nicht hätte halten können. Dieses unterbewusste Entscheidungsmuster, also genetisch verankerte Präferenzen, führen zu Reize auf bestimmte Wahrnehmungen und sind umgangssprachlich als das „gute Bauchgefühl" bekannt (STREIT 2011, S. 28). Der Vorteil der Präferenzen liegt darin, dass sie schnell und zuverlässig auf ein breites Informationsspektrum zurückgreifen können.

Um Präferenzen, beispielsweise bei Landschaften, herauszufinden gibt es klassische anerkannte Verfahren. Häufig findet der geschlossene und oder offene Paarvergleich Anwendung. Ebenso wie Befragungen und die Methodik der Rangordnung. Beim Paarvergleich werden einem Probanden zwei oder mehrere Objekte gegenübergestellt. Im Falle der Landschaftspräferenz wären dies Fotografien von Landschaften. Je nach

Reiz der auftritt, wird eine bestimmte Fotografie bevorzugt. Diese Vergleiche können mehrmals wiederholt werden und erlauben auch durch Brechungen einen Durchschnittswert bezüglich der Präferenz einer bestimmten Landschaft. Bei Befragungen werden meist standardisierte Interviews durchgeführt und Probaten direkt zu dem Reiz der Präferenz befragt, hierbei kann ebenso, wie bei der Rangfolge, eine abschließende Skalierung erfolgen (STREIT 2011).

4 Theorien der Landschaftspräferenz

Verschiedene Theorien greifen den Ansatz auf, dass Landschaften in gewisser Weise Kriterien erfüllen oder Eigenschaft mitbringen, die sie somit gegenüber anderen zu einer präferierenden Landschaft werden lässt. Dabei gibt es biologische Ansätze, sowie kulturelle, die für sich aber nie den Anspruch auf Vollständigkeit erheben. Landschaftspräferenzen und ihre Theorien werden auch zu Habitattheorien gezählt. Es kann im groben nach der Theorie von APPLETON (1975), ORIANS (1986) und KAPLAN (1989) unterschieden werden.

4.1 Die Savannentheorie

Die Savannen-Theorie stellt dar, dass Präferenzen für eine bestimmte Landschaft und somit auch die Wahrnehmung von Landschaften, aus einer genetischen Prägung heraus entstanden ist. Diese Prägung gehe zurück auf die evolutionären Anfänge des Urmenschen in der Baumsavanne. APPLETON (1975, S. 70ff.) führt diese Prägung auf wesentliche Aspekte zurück. Die Prospekt-Refuge-Theorie erläutert, dass für das Überleben des Menschen in der damaligen Baumsavanne, dass schnelle Erkennen von Gefahr und die Möglichkeit zur Flucht essentiell waren. Optimale Standorte seien demzufolge leicht erhöhte Regionen, die einen Ausblick auf die Umgebung ermöglichen. Menschen, oder Arten, die dies erkannten hätten damit auch einen größeren Erfolg ihren Bestand zu halten und sich zu vermehren (APPLETON 1975). Folgendes Bild stellt, zur Verdeutlichung eine Baumsavanne dar.

Abbildung 2: Blick über Baumsavanne Richtung Etosha

Quelle: wikimedia.org

Landschaftspräferenzen hätten folglich ihren Ursprung in der Notwendigkeit Räume zu erkennen, die für das Überleben der Art am besten geeignet waren. Dies erkläre weshalb der Urmensch Niederterrassenkanten oder Waldränder präferierte und dort siedelte. In der heutigen Zeit wäre diese genetische Komponente, optimale Landschaften zur Überlebenssicherung zu erkennen, zur Wahrnehmung und zur Bewertung der Ästhetik einer Landschaft geworden, da das Überleben keine entscheidende Rolle mehr spiele (LORBERG 2010).

An diese Gedanken baut sich die Habitat Theorie von ORIANS (1986) auf. Landschaften die gegenüber anderen präferiert werden, stellen einen besseren Standort dar, um zu überleben. Die Landschaft ergibt sich also aus dem biologischen Nutzen. Die Idee folgte einem Beispiel aus der Natur. ORIANS (1986) erkannte, dass Vögel bei der Wahl ihrer Brutplätze, nicht abwägend Nahrungsangebote der potentiellen Plätze prüften, sondern nach bestimmten Muster suchten, welches abgearbeitet den bestmöglichen Standort ergeben müsste. Das Gebiet muss jedoch gewisse Ansprüchen gerecht werden, um diesen biologischen Nutzen, die Grundbedürfnisse, zu erfüllen. Dies ist zum einen, wie bereits bei APPLETON (1975), der Aspekt der Sicherheit. Eine Landschaft muss die Möglichkeit bieten einen weiten Ausblick zu haben, jedoch auch Optionen leicht fliehen zu können, oder sich etwa schützend zu verstecken. In der Baumsavanne stellen Bäume und Gehölz Schutzfaktoren dar. Neben der Sicherheit spielt bei ORIANS (1986) die Verfügbarkeit an Ressourcen eine tragende Rolle. Entscheidend ist das Vorhandensein von Süßwasser, sowie Nahrungsquellen, etwa Tiere oder Früchte. Doch auch Materialien zum Bau von Behausungen oder Werkzeugen zählen zu den Ressourcen, die gegeben sein sollten. Ebenso und mit der Sicherheit einhergehend, ist die leichte Orientierung in einer Landschaft ausschlaggebend (ORIANS 1986). Denn in beiden Theorien ermöglicht die leichte und schnelle Orientierung das Ausmachen von Ressourcen und von Feinden oder potentiell schützenden Objekten. Diese Prägungen und Aspekte sollen den Menschen bis heute beeinflusst haben und erklären weshalb bestimmte Landschaften gegenüber anderen bevorzugt werden (SCHÖNHAMMER 2009). Anhang des Faktors der raschen Orientierung lassen sich weitere Rückschlüsse ziehen. Eine Landschaft welche sich durch eine einheitliche Struktur auszeichnet und über markante Objekte verfügt, die es ermöglichen, sich entsprechend zu orientieren, kann auch als ästhetische Landschaft verstanden werden, da diese Landschaft das Gefühl von Sicherheit und somit Wohlbefinden vermittelt (SCHÖNHAMMER 2009).

BRÄMER (2010) spricht bezüglich der Gegenwart davon, dass Menschen sich auch deswegen aus der Stadt in die Natur zurückziehen wollen, da es ihre innere Veranlagung ist: „Indem wir uns ganz oder teilweise in ein Umfeld zurückziehen, auf das alle unsere evolutionär entwickelten Sinne und Fähigkeiten zugeschnitten sind, geht es uns besser, die Stimmung steigt, wir werden wieder anstrengungslos aufmerksam" (BRÄMER 2010, S. 53). Im Umkehrschluss bedeutet dies, dass der Mensch sich entgegen seiner natürlichen Veranlagung entwickle und sich der Natur entfremde (BRÄMER 2010). Dies erkannte

BRÄMER (2010) auch daran, dass Wanderungen und touristische Ströme an diese Kriterien der Savannen-Theorie anknüpfen. So bevorzugen Wanderungen offene Landschaften, den weiten Ausblick und sind geprägt von Suche nach einem idealen Platz zur Nahrungsaufnahme, der jedoch zugleich guten Überblick und auch Optionen zur schnellen Flucht bietet. Während für den Urmenschen diese Aspekte zur Sicherung der Existenz essentiell waren, sind sie gegenwärtig für Menschen mehr eine ästhetische Komponente. Was folglich als ästhetisch empfunden und präferiert wird, hat seinen Ursprung in der genetischen Prägung des Menschen und seiner Evolution (BRÄMER 2010).

Ästhetik und Präferenz dürfen jedoch bei der Betrachtung der Savannen-Theorie nicht gleichgesetzt werden. Da der Urmensch in den Baumsavannen des Plio-Pleistozäns die Landschaft kaum nach Schönheit wählte, sondern alleine nach ihrem Nutzen. Aspekte die kritisch Betrachtet werden müssen, sollen in folgendem erläutert werden. Es ergibt sich aus der Definition der Präferenz, dass etwas präferiertes auch etwas ästhetisches sein kann, dies aber keiner allgemeinen Gültigkeit folgt. Das klassische Verständnis der Savannen-Theorie meint die Präferenz des Nützlichen und nicht der Schönheit, im Gegensatz zu einer gegenwärtigen Präferenz, die Ästhetik verbindet (TREPl 2012). ORIANS (1980) findet verschiedene Ansätze, die seine Theorie untermauern. So berichtet er über die Siedler Nordamerikas, die sich bei der Erkundung des neuen fremden Landes in Landschaften die Savannen ähnlich sind niedergelassen haben. Ebenso präferierten die Siedler in Neuseeland die eher offene, hügeligen Landschaften. Bodenpreise für Grundstücke wurden dort besonders hoch, oder stiegen im Laufe der Zeit, wo es Wasser gab, oder freie Sicht auf Wasser, da diese Flächen begehrter waren. Außerdem gab es eine hohe Zahl an Gemälden und Texten der Literatur, die stets das Bild einer savannenartigen Landschaft als Paradiesisch titulierten (ORIANS 1980). Doch nicht nur ORIANS (1980) überprüfte seine Theorie, auch andere Wissenschaftler stellten die Savannen-Theorie auf den Prüfstand. BALLING und FALK (1982) starteten eine Reihe an Befragungen, die sich an Kinder im Alter von sechs bis elf Jahren richtete. Den Kindern wurden Bilder verschiedener Landschaften präsentiert, wobei der Großteil der Kinder, die Savannenlandschaft präferierten. Desto älter jedoch die Versuchspersonen wurden, desto differenzierter wurde das Bild. Konnte bei den Kindern noch eindeutig gesagt werden, dass diese Savannen gegenüber anderen Landschaften vorziehen, wurde dies bei älteren Gruppen nicht mehr möglich (BALLING, FALK 1982 in Reeh T., Ströhlein G. (2006)). BALLING und FALK (1982) führten dies darauf zurück, dass die jungen Kinder, noch nicht so sehr von der Kultur und dem sozialem Gefüge der Umwelt geprägt worden wären, wie etwa ihre Eltern. Somit wäre bei den Kindern der Urinstinkt Savannen zu präferieren deutlich stärker ausgeprägt als bei den Älteren. LYONS (1983) kritisierte dieses Experiment hinsichtlich der Tatsache, dass Kinder savannenartige Landschaften nur deswegen präferierten, weil sie ihren Spielplätzen und Wiesen am ehesten glichen (HUNZIKER 2000).

4.1.1 Kritische Betrachtung der Savannentheorie

Die Idee des biologischen Ansatzes, dass diejenige Landschaft präferiert wurde, welche die Grundbedürfnisse der Menschen am besten erfüllte, stellt eine erklärende Basis in der Wissenschaft der Landschaftsforschung dar. Der Ansatz erklärt jedoch nicht, wieso sich solche genetischen Prägungen genau zu dieser Epoche gebildet haben und nicht etwa bereits früher, als die Primaten in den Wäldern lebten. Als sich die Landschaft veränderte und der Baumbestand zurückging, bildete sich die Savannenartige Struktur. An diese Veränderungen mussten sich Urmenschen anpassen und zogen aus der neuen Situation den bestmöglichen Nutzen, indem sie solche Regionen aufsuchten, die ihre Grundbedürfnisse stillten. Ob folglich die Savanne präferiert wird, oder immer nur diejenige Landschaft die sich als optimale hinsichtlich der Bedürfnisse ergibt, ist fraglich. So kann auch bereits die Landschaft der Wälder zuvor eine präferierende Landschaft gewesen sein und wann sich solch eine genetische Prägung ergeben haben soll bleibt offen, ebenso ob und wie eine Landschaft an Präferenz wieder verlieren kann (RUSO 2003). Obwohl der Mensch seinen Ursprung nicht alleine in der Savanne hat, ist es rational erklärbar, warum dennoch die Landschaft der Savannen präferiert werden würden. Es werden immer solche Landschaften präferiert, die am besten die Bedürfnisse befriedigen. Dies kann für den Urmenschen die Savanne gewesen sein, muss aber aktuell nicht mehr auf den Menschen zutreffen, da im Umkehrschluss der Mensch sonst sich unwahrscheinlicher aus der Savanne bewegt und neue Areale erschlossen hätte (TREPL 2012). Ebenso scheint der Vergleich zwischen gegenwärtigen Landschaftspräferenzen und der Präferenz der Urmenschen schwierig. Zwar treibt es Menschen aus der Stadt in die Natur hinaus um sich zu erholen, doch diese Einstellung, Natur zu genießen und sie als solche Wahrzunehmen entstand erst im Laufe der Kulturgeschichte mit der Neuzeit. Rückschlüsse, dass sich die Savannen-Theorie auch auf die heutige Zeit übertragen ließe sind komplizierter, als die Idee, dass der Urmensch Savannen präferierte (LORBERG 2010).

Diese Betrachtungen erfüllen jedoch nur die biologische Dimension der Landschaftspräferenz und Ästhetik, vernachlässigt aber weitere kulturelle Entwicklungen und Einflüsse (HUNZIKER 2000).

4.1.2 Der Wandel des biologischen Ansatzes

Während der Urmensch durchaus abhängig war, von den Umweltfaktoren und seiner Landschaft, schaffte es der Mensch im Laufe seiner Entwicklung, durch den Bau von Werkzeugen, dem Feuer oder anderen Neuerungen, sich auch andere Landschaften eigen zu machen, die ebenso die Grundbedürfnisse stillen konnten. TREPL (2012) nennt Musterhaft das Beispiel der Mongolen, die sich unter Chingeskhan ein großes Reich erkämpften, sich aber dann wieder zurückzogen in die Steppenlandschaften, da sich ihre Techniken und ihre Lebensart, sich dieser Landschaft besser angepasst hatte (TREPL 2012). Ebenso Beispielhaft ist die Landschaft der Alpen. Noch zu Zeiten der Römer waren die Alpen ein unüberwindbares Hindernis, ein lebensgefährlicher Raum und unüberwindbar. Der Wandel begann langsam als Hannibal 218 v. Chr. mit seiner Armee und Elefanten von Karthago aus, über die Alpen in das römische Reich einfiel. Die Alpen mit ihren Abgründen war zwar damals immer noch angsteinflößend, doch der Explorationsantrieb der Menschen trieb diese immer wieder in die Berge, bis Wege erschlossen wurden, sichere Pässe errichtet werden konnten und die Alpen schließlich gegenwärtig Massen-touristisch erschlossen sind. Dass sich der Mensch aber an gewissen Orten wohler fühlt als an anderen und folglich Landschaften präferiert muss einen biologischen Ursprung haben, der in den Genen der Menschen steckt (TREPL 2012). Die Alpen werden zwar durchaus als ansprechend empfunden und ziehen Menschen an, doch dieser Wandel geht nicht einher mit einer Veränderung der Biologie des Menschen und auch nicht mit einer Veränderung des Naturraumes. Die Abgründe der Alpen sind immer noch gleich und die Alpen erfüllen auch nicht, mehr oder weniger die Bedürfnisse der Menschen (GROH, GROH 1996). TREPL (2012) kritisiert an der Savannentheorie, dass ästhetische Vorlieben an Aspekten der Sicherheit, des Ressourcenreichtums und der Orientierung festgemacht werden, deren Grundstrukturen nicht mit der Ästhetik verbunden werden können. Ein Raum der Sicherheit bietet, kann zwar als angenehm und sicher empfunden werden, doch ob er als ästhetisch empfunden wird ist vom Individuum abhängig. Vielmehr führen die auftretenden Gefühle und das Wohlempfinden zu einer Präferenz, erzeugt durch ein Bild der Landschaft, durch die Wahrnehmung des Raumes. Eine Landschaft die alleine die Grundbedürfnisse befriedet muss demzufolge weder ästhetisch sein, noch muss sie präferiert werden (TREPL 2012). Dies verdeutlicht, dass die Theoretiker der Savannentheorie mit den Begriffen Landschaft, nicht das Bild und die Wahrnehmung einer Landschaft meinten, sondern die ökologische Umwelt in der sich das Subjekt aufhält. Präferenzen sind damit nicht gleichzusetzen mit ästhetischen Vorstellungen. Zwar kann eine ästhetische Landschaft präferiert werden, doch die Präferenzentscheidung ist nicht alleine von der Ästhetik abhängig.

Die Wahrnehmung von Landschaft wirkt auf den Betrachter zunächst mit Wohlgefallen oder nicht. Er entwickelt ohne Handlungsdruck sein Bild der Landschaft und erst im Zuge dessen folgen evolutionäre Aspekte. In welcher Form bietet die Landschaft Sicherheit, also kann der Feind gesehen werden oder wie wird der Betrachter selber gesehen, ebenso wie ist das Vorhandensein an Ressourcen und wie leicht ist die Orientierung in der Landschaft (SCHÖNHAMMER 2009).

BOURASSA (1990) übte Kritik an der Überbetonung der biologischen Aspekte. Einfluss auf Landschaftspräferenzen hätten zwar unter anderen biologische Ansätze, aber auch kulturelle seien von essentieller Bedeutung. Auch die Vertrautheit einer Landschaft schafft eine Präferenz. In ein dreiteiliges Modell zur Bewertung von Präferenzen fließen somit auch Persönliche Ansichten und Prägungen mit ein (BOURASSA 1990).

4.1.3 Der Mensch und die Savanne

Menschenaffen lebten bereits seit dem Miozän in den Wäldern Afrikas und waren an diesem Lebensraum ideal angepasst. Sie verfügten über lange Arme und sich von Baum zu Baum schwingen zu können. Dies setzt voraus, dass die Menschenaffen bereits eine rasche räumliche Wahrnehmung gehabt haben müssen um sich im dichten Wald zurechtzufinden. Afrika driftete im Laufe dieser Entwicklungen gen Norden, dies führte zu Klimaschwankungen und geologischen Ereignissen. Die ersten Menschen, die als Urmenschen bezeichnet werden können, erlebten den Wechsel von tropischem Regenwald, hin zu einer Baumsavannenlandschaft. Sie mussten sich schnell an den neuen Lebensraum anpassen, da dieser einem ständigen Wandel unterzogen war. Die Gattungen die derzeit die Wälder belebten mussten nun größere Entfernungen zurücklegen um zu anderen Baumgruppen zu gelangen. Dies beförderte auch eine Eigenschaft des Menschen, die für den weiteren evolutionären Verlauf von Bedeutung war: Seine Anpassungsfähigkeit. In der Savanne war der Mensch ursprünglich nicht beheimatet und zog es deshalb vor an Waldränder zu leben. Die Distanz zwischen Wäldern wurde jedoch immer größer und der Mensch entwickelte den aufrechten Gang, der wohl weniger Energie verbrauchte, als die Methode auf vier Beinen die Savanne zu durchqueren. Doch die Savanne erlaubte es, Tiere schon auf eine weite Entfernung erkennen zu können. Dies war positiv im Sinne von Tieren als Nahrung oder Tiere als Feinde. Der Überblick ermöglichte ebenso den Einsatz von Werkzeugen. Wurfgeschosse waren effizienter, da sie von einer Anhöhe herab geworfen wurden. Die Wasserläufe waren zusätzlich ein großer Vorteil. Einerseits als Quelle für den Menschen, aber auch als Quelle für kleinere Tiere, die dann an den Wasserläufen aufgegriffen wurden und erlegt werden konnten. Dies ermöglichte den Menschen ein regelmäßigeres und gleichbleibendes Nahrungsangebot. Doch die Savanne war auch dem Wandel unterworfen. Die extreme Trockenheit und Hitze der damaligen Zeit führte zu langen Hungersnöten, da keine Tiere erlegt werden konnten (KÜSTER 2012). Bei der Betrachtung der Entwicklung des Mensch und seiner Entwicklung fällt auf, dass er abhängig ist von einer regelmäßigen Verfügbarkeit von Wasser. Zudem ermöglichen geschlossene Baumdecken Schutz und Unterschlupf. Das Klima in jener Zeit schwankte jedoch sehr häufig und die trockenen Savannenlandschaften konnten dieses Angebot an Wasser und vor allem die damit verbundene Nahrung, nicht gewährleisten. Der aufrechte Gang verhalf dem Menschen schneller die Savannen zu durchqueren, um einen geeigneten Standort zum Überleben zu finden. Immer wenn klimatisch feuchte Jahre anbrachen, wanderte der Mensch weiter, stets entlang an Flussläufen und besiedelte neue Regionen. Für diese Theorie fehlen bislang ausreichend Fossilienfunde, doch viele Indizien sprechen dafür, dass der Mensch sich nicht notwendigerweise in der Baumsavanne aufgehalten haben muss. Vor allem wurde es trockener in den Baumsavannen und der Baumbestand ging weiter zurück, bis sich die Landschaft kaum mehr als geeigneter Lebensraum darstellte (ZÖFEL 2012).

Würden sich solche Annahmen bestätigen, könnte dies den Glauben an die Savannen-Theorie bezüglich der Landschaftspräferenzen, ernüchtern lassen. Weder das Klima und die Landschaft lassen sich mit der heutigen Vorstellung von Savanne vergleichen, zudem sind Menschen auf Wasser angewiesen und haben sich eher in feuchteren bewaldeten Regionen aufgehalten. Die Savanne könnte sich auch schwer als Präferenz eingeprägt haben, da wegen dem ständigen Wandel und der Schwankungen, es keine optimale Basis gab für eine genetische Prägung. Aufbauende Theorien versuchen zwar die Grundidee weiter zu verfolgen, verwerfen jedoch den Ansatz, dass Savannen bevorzugte Landschaften wären.

Diesbezüglich finden sich auch moderne Theorien die eine Präferenz dem Wasser zuschreiben. Da der Mensch an Wasser gebunden war, habe er sich seine Landschaften nach dem Vorkommen an Wasser ausgesucht und solche präferiert, die ausreichendes boten. Dies zeigen einfach Beobachtungen. Die meisten Touristen zieht es an Seen oder an das Meer. Immobilienpreise sind an Küsten und Seen besonders hoch, im Vergleich zur Savannenlandschaft und die größten Städte, sowie der Großteil der globalen Bevölkerung leben am Wasser. Untersuchungen zeigten ebenso, dass Menschen in Parkanlagen dreimal länger verweilten, in denen es Wasserelemente gab (NIEMITZ 2004)

4.2 Der Ansatz von Kaplan und Kaplan

Einen breiteren und effektiveren Ansatz scheint KAPLAN (1989) aufzuweisen. Der Ursprung des Menschen spielt dabei keine Rolle, vielmehr seien es Informationen einer Landschaft, die diese auszeichnen. Es entstand die Information-Processing-Theorie nach Kaplan und Kaplan (Kaplan, Kaplan 1989). Bei dieser Theorie spielt der Grundlegende Gedanke, dass Landschaft sich durch die Möglichkeit des Überlebens auszeichnet, eine ebenso wichtige Rolle. Doch die Landschaft alleine macht nur einen Teil aus, denn der Mensch und sein Verstand tragen zur Entstehung der Landschaft bei. Deshalb wird dieser theoretische Ansatz auch funktional-kognitiver Ansatz genannt. KAPLAN und KAPLAN (1989) gehen davon aus, dass Menschen durch die Kraft ihres Verstandes in der Lage sind Informationen über eine Landschaft zu sammeln und diese zu verarbeiten. Diejenige Landschaft wird hierbei von Menschen präferiert, welche eine leichtere Beschaffung von Informationen ermöglicht. Neben den Grundbedürfnissen stellt sich damit auch noch ein Informationsbedürfnis ein (KAPLAN, KAPLAN 1989). Die Theorie wurde allerdings noch weiter gefasst und soll, unabhängig von einer bestimmten Landschaft, Eigenschaften aufzeigen, die eine Landschaft beinhalten muss, um präferiert zu werden. Diese Eigenschaften sind Kohärenz, Komplexität, Lesbarkeit und Mysteriösität (KAPLAN, KAPLAN 1989, S. 52ff.). Diese vier Eigenschaften oder Ansprüche an eine Landschaft, erfüllen zugleich das Informationsbedürfnis, bestehend aus Beschaffung der Information und Verständnis derselben.

4.2.1 Der Begriffe Kohärenz, Komplexität, Lesbarkeit und Mysteriösität

Der Begriff Kohärenz meint einen Zusammenhang oder Zusammenhalt. Landschaften die kohärent sind weisen Symmetrien auf und wiedererkennbare Elemente. Dies ermöglicht es, die Umgebung leichter und besser zu verstehen. Dabei handelt es sich, um ein alltägliches routiniertes Muster. Würden Menschen nicht anhand bestimmter Subjekte oder Situationen agieren, müsste jeden Tag neu, Entscheidungen fällen erlernt werden. Das verstehen und Rückschlüsse ziehen aus klaren Strukturen einer kohärenten Landschaft trägt zur Orientierung bei und erzeugt damit auch ein angenehmeres Gefühl einer Gegend. Dies trifft ebenso auf den Begriff der Lesbarkeit zu, da er auf eine schnelle Wiederkennung der Struktur und rasche Orientierung aus ist. Die Kohärenz erlaubt diesbezüglich darüber hinaus noch die Möglichkeit Situationen oder Subjekte zu katalogisieren und ihnen Regelmäßigkeiten zuzuschreiben (AUGENSTEIN 2002). Dieser Aspekt der Kohärenz und der Lesbarkeit ist für den Menschen überlebenswichtig gewesen, als er noch in der Baumsavanne lebte. Das Katalogisieren geht mit der Affektheuristik einher. Urteilsheuristiken im gängigen Verständnis als Denkabkürzungen helfen sich in der Umwelt zu Recht zu finden. Die Affektheuristik, Denkabkürzungen basierend auf Gefühle und Stimmungen, erlauben es Situationen rechtmäßig einzuschätzen. Steht der Urmensch einem Löwe gegenüber ermöglicht ihm die Denkabkürzung eine rasche Einschätzung der Situation, nämlich, dass sie dem Menschen gefährlich ist. Müsste der Mensch auf Denkabkürzungen verzichten, müsste er aufs Neue lernen, dass der Löwe Gefahr bedeutet, wobei dies dem Fortbestehen des Menschen geschadet hätte (KAHNEMAN 2011).

Ist die Landschaft jedoch nur einfach zu lesen und ermöglicht eine schnelle Orientierung, mag sie auf den Menschen trist und langweilig wirken. Eine solche Landschaft würde das Informationsbedürfnis nicht ausreichend befriedigen. Folglich benötigt eine Landschaft einen Aufforderungscharakter, diese Landschaft erkunden zu wollen, um dem Informationsbedürfnis gerecht zu werden. Der Begriff Komplexität beschreibt eine Landschaft, die mit entsprechenden Elementen einen Reiz auslöst, der den Explorationsdrang wecken soll. Mit Komplexität ist also gemeint, dass Stimuli, als landschaftliche Elemente, eine Landschaft reizvoller wirken lassen sollen. Sobald dies aber in zu großen Maßen passiert, gibt es einen Konflikt mit den Begriffen der Lesbarkeit und Kohärenz einer Landschaft (AUGENSTEIN 2002).

Diejenige Landschaftsbestimmende Elemente die nicht ersichtlich sind, oder nicht vollständig verstanden oder erfasst werden, werden von KAPLAN und KAPLAN (1980) als Mysteriösität verstanden. Dieser Begriff ist ein wichtiger Faktor in den Theorien der Landschaftspräferenz. Wichtig ist, dass die Landschaft mit ihren mysteriösen Elementen dennoch Ausblick gibt, auf einen möglichen Informationsgehalt und so anregt die Gegend weiter zu erkunden. Es wird hierbei auch von „informationsverheißender Unabgeschlossenheit" (AUGENSTEIN 2002, S. 60) gesprochen. Hierbei wird der Begriff der Involution geprägt. Dieser meint, dass Landschaften einen Betrachter einschließen und er von den Strukturen umhüllt wird, diesbezüglich auch Involution vom lateinischem involvere, einhüllen. Aber zugleich ist damit auch der Reiz des Erkundens gemeint und des sich „darauf Einlassens" (AUGENSTEIN 2002, S. 60). Jedoch verliert dieser Effekt seine Bedeutung, sobald Gegenden durch Wege oder Flächen erschlossen sind. Ebenso gilt bei diesem Begriff, wie bei den Drei zuvor genannten, dass diese in gewissen Maßen sich gegenseitig ergänzen und keiner der Eigenschaft Überhand nehmen sollte (KAPLAN. KAPLAN 1989).

Studien zeigen, dass Landschaften die jene Eigenschaften erfüllen mehr präferiert werden. Ebenso werden Landschaften mehr präferiert, desto geringer der menschliche Einfluss ist und desto mehr Wasserflächen vorhanden sind. Ob dabei stehendes oder fließendes Gewässer spielt keine Rolle. Die außerordentlich hohen Präferenzwerte, werden bei Landschaften mit Wasservorkommen erreicht (AUGENSTEIN 2002).

Bei der Betrachtung von Landschaftspräferenzen gibt es eine biologische und soziale Dimension. Dabei ist zu beachten, dass biologische Dimensionen angeboren sind und soziale, von Generation zu Generation übermittelt werden. Zu solchen sozialen Kompetenten, könnte die Information zählen, die bei KAPLAn und KAPLAN (1989) eine wesentliche Rolle spielt. Wichtiger Aspekt ist dabei die Sprache, die hilft und es erst ermöglicht, dass Information nicht verloren gehen kann, sondern von Generation zu Generation übergeht. Dieser Vorteil verhindert, dass Situationen immer neu betrachtet werden müssen, obwohl dazu bereits Informationen vorhanden wären. Landschaft wird dabei zur Identifizierung verwendet und bildet mit ihrer Symbolik zur Identifikation bei. Ebenso damit verbunden ist der Aspekt der Stabilisation. Landschaften, die präferiert werden, wirken auch stabiler als andere. Stabilität im Sinne der Identifikation und Wohlbefinden (HUNZIKER 2000). Die Begriffe von KAPLAN und KAPLAN (1989) werden in einer Präferenzmatrix erfasst, die im folgendem dargestellt ist. Diese erklärt den Zusammenhang und das Verhältnis der Begriffe untereinander.

Tabelle 1: Präferenzmatrix nach KAPLAN und KAPLAN (1989)
Quelle: HUNZIKER 2010, S. 36

Zeitpunkt der Befriedigung	Informationsbedürfnis	
	Exploration	Verständnis
sofort	Komplexität	Kohärenz
vorauszusehen	Mysteriosität	Lesbarkeit

Die vier Begriffe, decken das Bedürfnis nach Beschaffung und Verarbeitung von Information. Dabei spielen unterschiedliche zeitliche Aspekte mit in die Begrifflichkeiten ein. Bei Präferenzstudien konnte festgestellt werden, dass nur der Begriff Mysteriosität einen positiven Einfluss auf die Präferenz hat. Die Lesbarkeit und Mysteriösitit einer Landschaft würden, laut Studien, positiv zur Präferenz einer Landschaft beitragen. Bei zu komplexen Elementen in einer Landschaft würde die Präferenz negativ ausfallen (HUNZIKER 2010).

KAPLAN und KAPLAN (1989) räumten der Theorie, genauer der aufgestellten Präferenzmatrix, Lücken ein. So werden Landschaftspräferenzen von weit mehr Faktoren bestimmt, als nur von denjenigen, die in der Präferenzmatrix erwähnt werden. Hierbei spielen vor allem die sozialen und kulturellen Funktionen eine tragende Rolle. Die Wechselwirkungen sind in folgender Abbildung dargestellt.

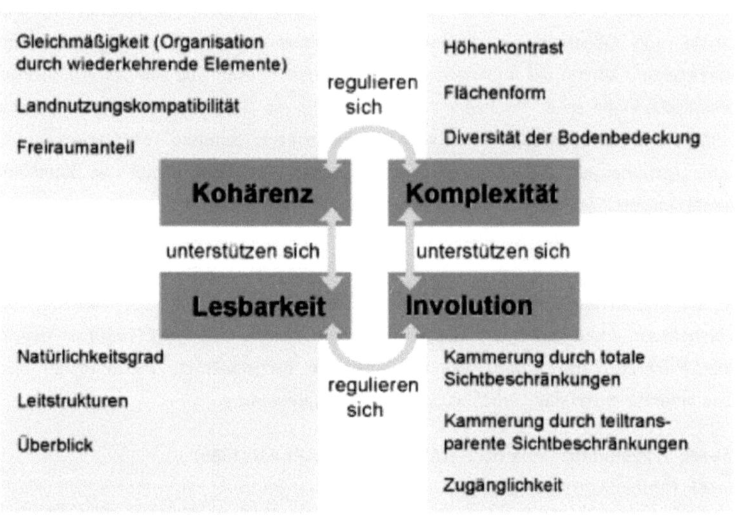

Abbildung 3: Verhältnis der Modellprädikatoren zueinander
Quelle: AUGENSTEIN 2002, S. 114

Die Präferenz und vor allem die ästhetische Präferenz einer Landschaft ist dann besonders hoch, wenn die Faktoren zueinander gleich ansteigen. Dominiert ein Faktor die anderen, kann dies als störend empfunden werden. Desto höher die Faktoren gleichbleibend steigen, desto höher soll auch die Präferenz steigen, dies wird in folgendem Schaubild verdeutlicht (AUGENSTEIN 2002).

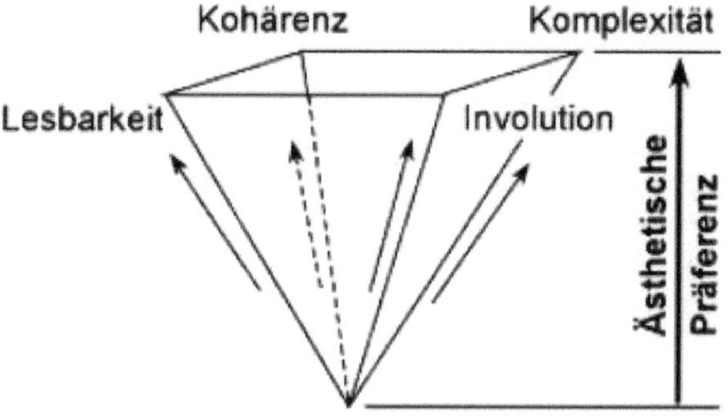

Abbildung 4: Visuelle Landschaftspräferenz
Quelle: AUGENSTEIN 2002, S. 114

4.2.2 Kritische Aspekte der Theorie Kaplans

Eine großflächige Studie erforschte und erprobte die Präferenz-Matrix von KAPLAN und KAPLAN (1989). STAMPS (2004) überprüfte in über 61 Studien die Stichhaltigkeit der vier Begriffe: Kohärenz, Lesbarkeit, Komplexität und Mysteriösität. Die Studien erweisen sich jedoch als schwer zu beurteilen, da die Begrifflichkeiten die KAPLAN und KAPLAN (1989) aufstellten, einen großen Interpretationsraum erlauben. Für Probaten erschwert sich die Situation zudem noch, da die Begriffe nicht an physikalischen Größen oder Eigenschaften festgemacht werden können (STAMPS 2004). Der Ansatz BOURUSSAS (1990) gegenüber der Präferenz-Matrix, mit den Dimensionen der biologischen, kulturellen und persönlichen Prägung, scheint diesbezüglich besser geeignet für Entscheidungen von Präferenzen. Ebenso lässt sich kritisch anmerken, dass die meisten Ansätze über visuelle Reize arbeiten und Geräusche oder andere Empfindungen außer Acht lassen (GUSKI, BLÖBAUM 2006).

4.2.3 Der Ansatz von Trepl

Der Hauptkritikpunkt von TREPL (2012) ist, dass Landschaften, Menschen und Symbolen einem Wandel unterliegen. Der Baum als ein Symbol in der Landschaft galt zwar für den Urmenschen als ein Symbol der Sicherheit, doch im Laufe der Zeit verlor der Baum diese Bedeutung und wird Gegenwärtig nicht mehr als Sicherheitstragendes Element einer Landschaft empfunden. Doch sogar diese Einschätzung variiert von Kultur zu Kultur. TREPL (2012) verweist darauf, dass Elemente einer Landschaft je Kultur anders gedeutet werden und vor allem auch eine andere Relevanz haben. Als Musterbeispiel führt er die Mongolen unter Chingeskhan an. Welche sich nach ihren Eroberungen wieder in ihre alte Gegen zurückzogen und nicht die savannenartigen Landschaften bevorzugten, sondern ihre baumlosen Steppen. Für deren Kultur würde ein Baum keine Sicherheitstragende Rolle einnehmen, ein Pferd etwa mehr, da es genutzt werden kann zur Flucht (TREPL 2012). Nach TREPL (2012) ist damit auch die Fähigkeit eine Landschaft zu sehen mehr denn Kulturabhängig als biologisch. Zwar versteht es sich, dass die grundlegende Idee und Eigenschaft der Wahrnehmung einer Landschaft genetisch vorbestimmt sein muss, um die Bedingung des Sehens einer Landschaft zu erfüllen, doch die Landschaft mit der Präferenz zu sehen, wie sie schließlich gesehen wird, obliegt in der Kultur des Betrachters. Vorlieben die ästhetischer Natur sind, also das präferieren von Savannenlandschaften oder Wälder, sind demnach nicht genetisch vorbestimmt, sondern vielmehr ist nur die reine Fähigkeit solche Präferenzen zu entwickeln (TREPL 2012).

5 Verfahrensablauf von Präferenzstudien

Das Gefühl, ob eine Landschaft Gefallen findet oder nicht stellt sich bereits nach nur kurzer Zeit ein. Urteile und Entscheidungen werden schnell und abwägend getroffen. Jedoch täuscht dieser Eindruck. Es spielen mehrere Effekte in diesen Prozess mit ein. Zunächst sind dies die Urteilsheuristiken, im Besonderen die Affektheuristik. Aber auch der Primär- und Rezenzeffekt erläutert das Prinzip. Der Rezenzeffekt erklärt, dass Informationen, die zuletzt über Sinnesorgane aufgenommen wurden, nach gewisser Zeit, am ehesten wieder abrufbar sind. Gegenläufig blendet der Primäreffekt alle folgenden Tatsachen aus, sobald sich das Bewusstsein ein Bildnis konstruiert hat. Dies erklärt auch, wie umgangssprachlich sogenannte Erste Eindruck entsteht und somit auch ein Totaleindruck einer Gegend. Trotz des Eindruckes, Urteile rasch und frei fällen zu können, stecken hinter Abläufe komplexe Gedankenmuster (KAHNEMAN 2011). Präferenzstudien bezüglich einer Landschaft scheinen damit auch ein komplexes Themengebiet zu sein und legen dieses Muster offen. Meist scheitern diese daran, dass die Begrifflichkeiten, oder der individuelle Eindruck des Menschen, nicht verbal formuliert werden kann. Solche Studien laufen deshalb nach Systemen ab, wie es in folgender Tabelle dargestellt ist (AUGENSTEIN 2002).

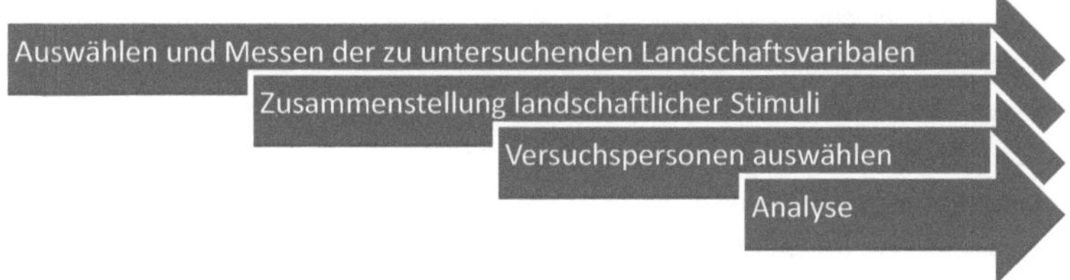

Abbildung 5: Verfahrensablauf bei Präferenzstudien
Quelle: eigene Darstellung nach AUGENSTEIN 2002

Das Auswählen und Messen der zu untersuchenden Landschaftsvariablen gestaltet sich als erster schwieriger Prozess. Meist wird Testpersonen die Möglichkeit gegeben, über Skalen, deren Werte Adjektive sind, wie etwa schön oder unschön, Landschaftselemente einzuordnen. Die Aussagekraft solcher Verfahren ist insofern schwer, als das sich Testpersonen an vorgegeben verbale Normen halten müssen und etwa in Wirklichkeit eine Landschaft gar nicht als unschön, sondern evtl. nur als unangenehm empfinden. Eine Landschaft kann zwar bewertet werden über solch ein Verfahren, jedoch gibt es keine Aussage dazu, ob und wie eine Landschaft erlebt wird (KAPLAN 1985). Alternative Tests verwenden hierbei Zahlenwerte und keine Adjektive, um über das arithmetische Mittel auf den Gesamterlebniswert einer Landschaft zu kommen. Doch dabei werden nur Aussagen betrachtet, die tatsächlich zu Landschaftsausschnitten gemacht wurden und es fehlen Erkenntnisse darüber, welche Merkmale Reizauslöser einer Landschaft sind (AUGENSTEIN 2002).

Mit dem ersten Schritt streng verbunden, ist auch der zweite Abschnitt, die Zusammenstellung der landschaftlichen Stimuli. Wird ein bestimmter Landschaftstypus untersucht, müssen demzufolge auch entsprechende Repräsentanten, in Form von Landschaftsausschnitten, gefunden werden. Der Aufwand und Notwendigkeit dieses Schrittes, wird von KAPLAN (1985) als sehr hoch eingestuft (KAPLAN 1985).

Versuchspersonen sollten eine möglichst breite und repräsentative Menge von Personen sein, die zufällig gewählt wurde. Häufig handelt es sich bei Untersuchungen um Bewohner einer Landschaft, oder deren Besucher. Je nach Zielgruppe, lässt sich die Art der Fragestellung gewünscht zuarbeiten (AUGENSTEIN 2002).

Die Präsentation der landschaftlichen Stimuli gegenüber den Versuchspersonen ist unterschiedlich zu handhaben. Meist wird auf Dias oder Photographien zurückgegriffen, einige wenige Studien werden sogar vor Ort in der entsprechenden Landschaft durchgeführt. Problematisch ist dabei, dass im Vergleich zu den statischen visuellen Mitteln, bei einer Studie vor Ort, auch andere Sinnesorgane mit einbezogen werden und ein ganz anderes Muster an Präferenzen ergeben könnten. Es zeigte sich jedoch, dass im Grunde eine einfache Vergleichbarkeit möglich ist, da die Ergebnisse nur minimal abweichend sind. Bei Studien die auf Dias oder Photographien zurückgreifen ist es entscheidend auf die Qualität der Mittel zu achten. So können Wetter, externe Subjekte oder Jahreszeiten Einfluss auf den Betrachter nehmen. Folglich müssen alle Photographien in gleicher Weise die äußeren Faktoren erfüllen. Hierzu zählt auch der gleiche Blickwinkel, gleiche Blendeneinstellung und möglichst gleiches Wetter. Bei modernen Methoden, die mit Videoaufnahmen arbeiten, ergeben sich dennoch die gleichen Ansprüche, da sich im eigentlich Sinne auch um nur visuelle Eindrücke handelt (AUGENSTEIN 2002).

Folgende Abbildung zeigt eine mögliche Fotobasierende Auswahlpräferenz. Probaten wählen die für sie ansprechendste Landschaft aus. Im Mittel ergibt sich zuletzt die allg. am meist präferiertest Landschaft. Das Beispiel entstammt aus der durchgeführten Studie, die in folgendem Kapitel erläutert wird.

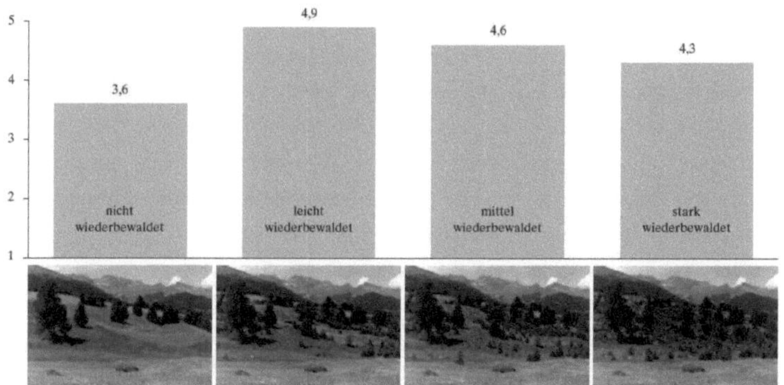

Abbildung 6: Ergebnis der Beurteilung von Wiederbewaldungsszenarien im Rahmen einer einer gesamtschweizerisch-repräsentativen Befragung

Quelle: Hunziker (2010), S. 35.

Die abschließende Analyse erfolgt meist dadurch, dass die Werte berechnet werden und eine durchschnittliche Präferenz eine Reihenfolge abgebildet, welche Landschaften eher präferiert werden und welche weniger. Bei der Analyse sind drei Aspekte ausschlaggebend. Algebraisch geht es darum, dass Rechnungen und Gleichungssystem genau gelöst werden. Des Weiteren ist es statistisch notwendig sich Gedanken zu machen über die Anzahl der auszuscheidenden Faktoren. Zum Schluss steht die Analyse der Ergebnisse, also auch die Interpretation und das einteilen in entsprechende Kategorien im Mittelpunkt (AUGENSTEIN 2002).

Auch der kognitive Ansatz von KAPLAN und KAPLAN (1989) läuft nach demselben Prinzip ab. Jedoch verzichten die Autoren auf Landschaftsvariablen, die festgelegt werden müssen, sondern wenden sich mehr dem Erleben einer Landschaft zu durch das bestimmen entsprechender Wahrnehmungskategorien (KAPLAN, KAPLAN 1989). Da der räumliche Inhalt einer Landschaft nicht alleine zu einer Präferenz führt, spielt die Struktur der Elemente der Landschaft, also deren Organisation eine ebenso tragende Rolle. Versuchspersonen schätzen dann auf einer Punkteskala die präsentieren Landschaftsstimuli ein und geben dann eine Präferenz ab, wie sehr der Ausschnitt gefallen hat. Die untersuchten Dimensionen sind Offenheit, Überblick, Komplexität und Orientierung. Im zweiten Ablauf, wird die Präferenz durch eine Expertengruppe eingeschätzt (KAPLAN, KAPLAN 1989).

Ein weiter Ansatz ist der Phänomenologische Ansatz, bei dem die Wechselwirkung zwischen Mensch und Umwelt einen hohen Stellenwert einnimmt. Der Ansatz geht von der Annahme aus, dass die emotionale Lage einer Person einen Einfluss auf die Präferenzentscheidung hat. Oft wird bei diesem Ansatz Präferenzen in einem persönlichen Interview abgefragt und von der Person verlangt, sich gewisse Landschaften vorzustellen. Das konstruierte Bild der Versuchsperson gibt dann im Umkehrschluss ein Spiegelbild der Präferenz ab. Da es sich jedoch bei diesem Ansatz um kein klassisches Bewertungsverfahren handelt, kann es nicht mit solchen verglichen werden (AUGENSTEIN 2002). Es werden damit im Wesentlichen Drei Ansätze unterschieden. Der Expertenansatz, der auf Beobachtungen von ausgewählten Landschaftsökologen beruht und auf fundiertem Wissen gründet. Zweitens der Verhaltensansatz. Dieser Ansatz beschreibt die Wahrnehmung der Landschaft von Laien, gegenüber Experten der Landschaftswissenschaften. Die Theorie des Verhaltensansatz geht davon aus, dass Elemente einer Landschaft nach einem Reiz-Reaktions-Muster bei Personen eine Bewertung einer Landschaft hervorrufen. Der humanistische Ansatz geht von der Wechselwirkung der Menschen mit der Umwelt aus. Nicht nur, dass Landschaften von Menschen bewertet werden, sondern dass wiederum die Werte einer Landschaft durch ihre Bewertung verändern. Ähnlich der Idee des hermeneutischen Zirkels, würde damit eine stete Neuinterpretation einsetzten und das vollständige Verständnis einer Landschaft unbekannt bleiben (AUGENSTEIN 2002).

6 Landschaft und Präferenz am Beispiel Schweiz

Im Rahmen der Landschaftspräferenzen und den Theorien stellt sich auch die Frage, welche Landschaft der Mensch wirklich will. Die verschiedenen Theorien geben Antworten darauf, welche Kriterien eine Landschaft auszeichnen, oder welche Landschaften Beispielhaft dafür stehen könnten. Landschaften ändern sich durch ihre Inanspruchnahme, sei es Verkehr, Landwirtschaft oder als Siedlungsfläche. Bei einer Renaturierung von Landschaften, oder bei Maßnahmen zum Schutz von solcher, kann auf Präferenzen der Bevölkerung Rücksicht genommen werden und eine idealtypische, oder annähernde, Landschaft künstlich kreiert werden. Die Frage die sich stellt ist, kann eine künstliche erzeugte Landschaft, die der einer präferierten Landschaft gleich kommt, auf eine Ebene gestellt werden, oder lässt sich das kognitive Bewusstsein täuschen und es können Ideale Landschaften erzeugt werden. Dies kann auch in kleinerem Maßstab erfolgen. Regierungen oder Bürger können bewusst in einen Landschafwandel eingreifen, um diesen irrerer Präferenz entsprechend zu verändern.

Solch ein Beispiel wurde in der Schweiz vollzogen. Untersucht wurden hierbei drei Prozesse der Landschaftsveränderung und Präferenzen der Menschen. Erstens, der für die Schweiz typische Ausbau der touristischen Infra- und Suprastrukturen. Zweiter Prozess war die spontane Wiederbewaldung von brachliegenden Landwirtschaftsflächen und Drittens das Auftreten des Zerfalles in abgelegenen Gebirgswäldern. All diese drei Prozesse werden ein prägender Bestandteil der Landschaftsveränderung in der Schweiz in den kommenden Jahren sein (HUNZIKER 2002). Der erste Prozess bezüglich des Tourismus und dem damit einher gehenden Wandel wurde durch Fotografien und Befragungen von Besuchern eines Parks durchgeführt. Der Prozess der Wiederaufforstung wurde mit zweierlei Methodiken durchgeführt. Zunächst wurden Besucher und Bewohner durch einen wieder aufgeforsteten Wald auf einem standardisierten Weg geführt und Mittels Interviews die jeweiligen Landschaftserlebnisse der Menschen abgefragt. In einem zweiten Anlauf wurden Studenten auf dem standardisierten Weg mit Fragebogen und Fotografien zu ihren Erlebnissen der Landschaft abgefragt. Die dritte Landschaftsveränderung wurde ebenfalls zweigeteilt. Der erste Ablauf verlief ähnlich, wie bereits bei den Studenten zuvor. Eine Gruppe zufällig gewählter Menschen wurden zu ihrem Landschaftserlebnis befragt. Aus dieser Gruppe wurden dann ausgewählte Personen für einen zweiten Test ausgesucht. Diese Personen wurden dann ausführlicher zu ihren Wahrnehmungen befragt und dieses wurde ausgiebig analysiert. Folgende Abbildung zeigt, dass Ergebnis der geteilten Analyse zwischen Expertenansatz und Ergebnisse der Laien, bezüglich der Aufforstung.

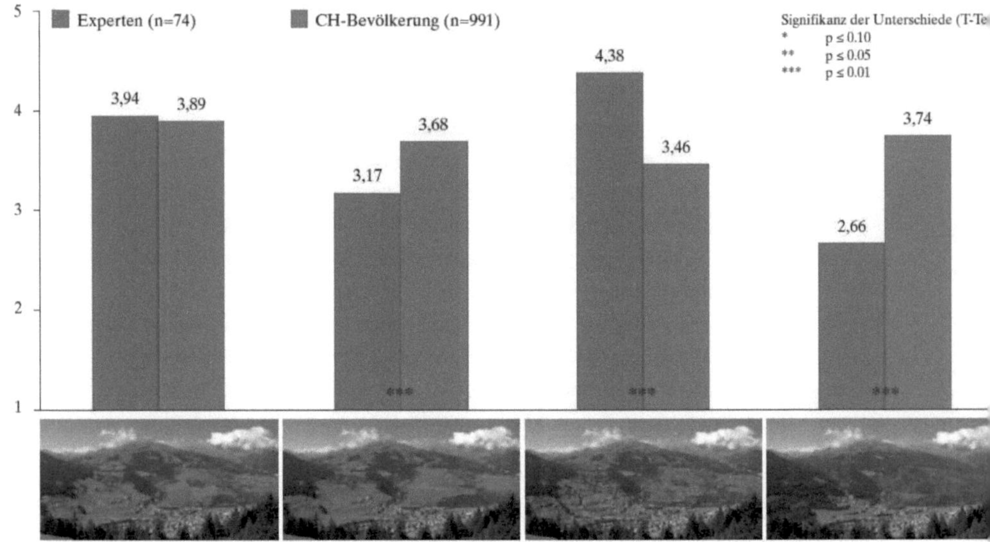

Abbildung 7: Beurteilung von Szenarien der Landschaftsentwicklungen. Bewertet wurde auf einer Skala von 1 bis 5 aufsteigend.

Quelle: Hunziker (2010), S. 38.

Der erste Landschaftsverändernde Prozess, der Touristische Aspekt, wurde weitestgehend als Verlust an Ästhetik in der Landschaft gewertet. Wobei sich bei genauer Betrachtung das Bild differenziert. Negativ empfanden die Versuchspersonen, die Veränderungen traditioneller Schweizer Strukturen, etwa einem kleinen Haufendorf. Anders hingegen wurden touristische Baumaßnahmen aufgefasst. Sensibel reagierten die Personen jedoch einstimmig auf Ausbau von Straßen. Dabei reagierten vor allem die jüngeren Personen sensibler auf diese Veränderungen. Zu erklären ist dies damit, dass die Aussicht in die Zukunft eher das ernüchternde Bild liefert, dass diese Veränderungen zunehmen werden. Die Fallstudie zur Wiederaufforstung wurde insofern positiv gesehen, solang die Aufforstung nicht in zu übertrieben Maße stattfand. Eine gewisse Aufforstung wurde präferiert, hingegen zu viel abgelehnt. Doch innerhalb der Gruppe war das Bild verschieden. Zeigten einige Versuchspersonen, dass sie den Verlust der Kulturlandschaft bedauerten, wiesen andere darauf hin, dass ihnen die Aufforstung mehr Reiz bieten kann als die Landschaft zuvor. Die Studie des dritten Prozesses viel ebenso unterschiedlich aus. Wieder gab es eine Differenz zwischen älteren und jüngeren Personen der Gruppe. Ebenso wurden ästhetische Verluste aufgrund von Fehlinterpretationen der Informationen falsch wieder gegeben. Die Untersuchungen gaben nach ausführlichen Analysen Empfehlungen für die drei Teilräume ab. Für den touristisch geprägten Raum, ergab sich ein einheitliches Bild. Der Tourismus an sich verlangt bereits, dass die Landschaft einen ästhetischen Wert aufweisen muss um präferiert zu werden, da sich touristische Räume genau dadurch auszeichnen. Die Erhaltung der Landschaft ist also mehr ökonomische Notwendigkeit als ökologische. Bezüglich der Wiederbewaldung wurde geschlussfolgert, dass dies im gewissen Maße durch die Öffentlichkeit zu akzeptieren wäre. Die dritte Studie ergab, dass der derzeitige Prozess weder auf mehrheitliche Akzeptanz noch Ablehnung traf, eine Präferenz folglich nicht festzumachen ist. Das Beispiel der Schweiz zeigt jedoch auch, dass Untersuchungen, die mit Laien durchgeführt werden, nicht alleine als Ergebnis stehen bleiben können. Sie sind zwar ein wichtiges Mittel zur Akzeptanz, aber können nicht mit dem Expertenansatz gleichgestellt werden (HUNZIKER 2000).

7 Der Reiz einer Landschaft

Der Mensch befasst sich ständig und alltäglich mit seiner Umwelt. Er trifft Entscheidungen ohne sich dessen bewusst zu sein und selbst bewusste Entscheidungen, trügen oft und sind nur eine Selbsttäuschung des Unterbewusstseins. Die Auseinandersetzung mit der Umwelt gehört zum Wesen des Menschen. Die Umwelt ist nämlich für das Überleben des Menschen von hoher Relevanz. Vor allem für den Urmenschen konnte dies entscheidend über das Fortbestehen seiner Art sein. Ein Standort musste entsprechende Kriterien erfüllen und das Reflektieren der Umgebung gehörte damit biologisch zum Menschen, wie seine Anpassungsfähigkeit. Doch der Mensch passt sich nicht nur einer Landschaft an, sondern er gestaltet diese auch. Über die Jahre durch Ackerbau, durch Aufforstungen, Siedlungen und Wegen. Die vorgestellten Habitattheorien von APPLETON (1975), ORIANS (1986) und KAPLAN und KAPLAN (1989), liefern Ansätze, um das Verhalten des Menschen zu erläutern. Dabei zeigt sich, dass mit KAPLAN und KAPLAN (1989) ein moderner Ansatz gefunden wurde, der zwar nicht vollständig, aber im Wesentlichen auch das Bedürfnis des Menschen berücksichtigt, Landschaft zu gestalten und zu erforschen. Dabei ging die Theorie weg von dem Anspruch einen Landschaftstyp hervor zu heben, als bestmögliche Präferenz. Dass der Mensch an Habitate bestimmte Ansprüche hat, konnten alle Theorien einstimmig erklären und deuten. In vielerlei Hinsicht erklären diese Theorien den Beginn der Habitat Suche in Afrika im Pleistozän. Doch viel zu wenig wurde der Wandel im Laufe der Zeit berücksichtigt, dass veränderte Grundbedürfnis, die verschiedenen Lebensstandards mit den entsprechenden Anpassungen und vor allem die vielfältigen Veränderungen der Landschaft. Es schneit viel mehr so zu sein, dass gerade dort der Mensch eine Landschaft präferiert, in der er seine Anpassung schnell vollziehen kann und den Vorteil der Landschaft zu seinem bestmöglichen Nutzen gewissen kann. Damit spielt auch der Bedarf des Menschen eine Rolle. Wird heute in der Freizeit eine Landschaft zum Erholen ausgewählt oder zur Landwirtschaft, so spielen immer andere Kriterien eine tragende Rolle. Die Präferenz ergibt sich seit der Neuzeit und den veränderten Leben des Menschen auch immer aus den entsprechenden Bedürfnissen heraus. Der Ansatz von KAPLAN und KAPLAN (1989) liefert bereits einen Grundstein für neue Überlegungen, die erklären könnten, wie Hermann Hesse, was Landschaften reizvoll macht: „Biegt sich in berauschter Nacht, mit entgegen Wald und Ferne, Atm ich blau und kühle Sterne und der Träume volle Pracht!"

Literaturverzeichnis

Appleton J. (1975): The Experience of Landscape. Chister; New York; Brisbane; Toronto 1975 (John Wiley & Sons). S. 293.

Augenstein I. (2002): Die Ästhetik der Landschaft. In: Berliner Beiträge zur Ökologie, Band 3. Berlin.

Bourassa S.C. (1991): The Aesthetics of Landscape. In: Belhaven Press. S. 168. London / New York

Brämer, R. (2010):Gesunde Natur ist schöne Natur. Wandern erschließt die heilenden Potenziale der natürlichen Umwelt. In: Naturschutz und Gesundheit. Hrsg.: Bundesamt für Naturschutz. Bonn 2010. S. 52-55.

Ette O. (1999): Alexander von Humboldt heute. In: Alexander von Humboldt. Netzwerke des Wissens. S. 19-31. 1999; Bonn.

Groh, R. & Groh, D. (1991): Weltbild und Naturaneignung. Zur Kulturgeschichte der Natur. Frankfurt/Main 1991. S. 176

Hard G. (1970): Der 'Totalcharakter der Landschaft'. Re-Interpretation einiger Textstellen bei Alexander von Humboldt. In: Erdkundliches Wissen, Beiheft, S. 49-71. Wiesbaden 1970.

Hard, G. (1970): Die „Landschaft" der Sprache und die „Landschaft" der Geographen.Bonn 1970. 278 S.

Hunziker M. (2000): Einstellungen der Bevölkerung zu möglichen Landschaftsentwicklungen in den Alpen. http://www.wsl.ch/fe/wisoz/publikationen/Hunziker_2000_Diss.pdf (Zugriff: 15.03.2013). Birmensdorf.

Hunziker M. (2010): Die Bedeutungen der Landschaft für den Menschen: objektive Eigenschaft der Landschaft oder individuelle Wahrnehmung des Menschen?. In: Forum für Wissen 2010: S. 33–41. Birmensdorf.

Kahneman D. (2012): Schnelles Denken, Langsames Denken. 1. Auflage. Siedler Verlag. München

Kahneman D., Griffin D.C. (2002): Judgment heuristics: Human strengths or huma weaknesses? In: L. Aspinwall & U. Staudinger, (Eds.), A psychology of human strengths: Perspectives on an emerging field (pp. 165-178). Washington , D.C. : APA Books.

Kahneman D., Tversky A. (1979). Prospect theory: An analysis of decision under risk. In: Econometrica, 47,S. 263-291.

Kahneman D., Tversky A. (1982): Risiko nach Maß – Psychologie der Entscheidungspräferenzen. In: Spektrum der Wissenschaft. März 1982, S. 89-98. Heidelberg

Kaplan R.; Kaplan S. (1989): The experience of nature. A psychological Perspective. In: Cambridge University Press. S. 340.

Kirchoff T., Trepl L. (2009): Vieldeutige Natur. 1. Auflage. Bielefeld

Kluge F. (2002): Etymologisches Wörterbuch der deutschen Sprache: Landschaft. Bearbeitet von Elmar Seebold. 24., durchgesehene und erweiterte Auflage. Berlin/ New York 2002. S. 555.

Küster H. (2012): Die Entdeckung der Landschaft – Einführung in eine neue Wissenschaft. 1. Auflage, Hannover.

Leser H. (2010): Diercke-Wörterbuch Allgemeine Geographie. 14. Aufl., akt. Neuausgabe, Braunschweig.

Lorberg F. (2010): Wahrnehmungspsychologie und Landschaft. https://kobra.bibliothek.uni-kassel.de/bitstream/urn:nbn:de:hebis:34-2010093034668/5/LorbergWahrnehmungspsychologieUndLandschaft.pdf (Zugriff: 20.03.2013).

Lorenz W. (2011): Mikroökonomie. http://www.mikrooekonomie.de/ (Zugriff: 25.03.2013).

Lyons E. (1983): Demographic Correlates of landscape Prefernce. In: Enviroment and Behavior 15(4), S. 487-511.

Niemitz C. (2004): Das Geheimnis des aufrechten Gangs. Unsere Evolution verlief anders. C.H.Beck, München.

Orians G., Heerwagen J. (1992): Evolved responses to landscapes. In J. Barkow, L. Cosmides, & J. Tooby (Eds.), The Adapted Mind. Oxford University Press.

Orians, G.H. (1980): Habitat selection: General theory and applications to human behavior. In: The Evolution of Human Social Behavior. Hrsg. Lockard. New York. S. 49-66.

Orians, G.H. (1986): An ecological and evolutionary approach to landscape aesthetics. In: Landscape Meanings and Values. Hrsg. Penning-Roswell & Lowenthal. London. S. 3-25.

Reeh T., Ströhlein G. (2006): Zu Besuch in Deutschlands Mitte. In: ZEITForum Band 3. Göttingen

Ruso B. (2003): Von der Savanne ins Paradies – Evolutionspsychologische Aspekte der Landschaftswahrnehmung. In: Liedtke, Max. Naturrezeption. Austria Medienservice, Graz.

Schönhammer R. (2009): Einführung in die Wahrnehmungspsychologie. Sinne, Körper, Bewegung. Wien 2009 (Facultas Universitätsverlag UTB). S. 312.

Trepl L. (2012): Die Idee der Landschaft - Eine Kulturgeschichte von der Aufklärung bis zur Ökologiebewegung. 1. Auflage. Bielefeld.

Trepl L. (2012): Warum es am Rhein so schön ist. http://www.scilogs.de/chrono/blog/landschaft-oekologie/landschaftsbegriff/2012-03-12/savannentheorie-warum-ist-es-am-rhein-so-sch-n (Zugriff: 20.03.2013).

Windholz S., Feigl W. (2011): Wissenschaftstheorie, Sprachkritik und Wittgenstein. 1. Auflage. Heusenstamm.

Zöfel K. (2012): Woher kommt der Mensch. In: Deutschlandfunk. 21.09.2012. http://www.dradio.de/dlf/sendungen/forschak/1874760/ (Zugriff: 20.03.2013).